# BEI GRIN MACHT SICH IHR WISSEN BEZAHLT

- Wir veröffentlichen Ihre Hausarbeit, Bachelor- und Masterarbeit

- Ihr eigenes eBook und Buch - weltweit in allen wichtigen Shops

- Verdienen Sie an jedem Verkauf

**Jetzt bei www.GRIN.com hochladen und kostenlos publizieren**

GRIN

**Bibliografische Information der Deutschen Nationalbibliothek:**

Die Deutsche Bibliothek verzeichnet diese Publikation in der Deutschen National-bibliografie; detaillierte bibliografische Daten sind im Internet über http://dnb.d-nb.de/ abrufbar.

**Impressum:**

Copyright © 2016 GRIN Verlag, Open Publishing GmbH
Druck und Bindung: Books on Demand GmbH, Norderstedt Germany
ISBN: 9783668409101

**Dieses Buch bei GRIN:**

http://www.grin.com/de/e-book/354720/wettbewerbsfaehigkeit-von-kleinen-und-mittelstaendischen-unternehmen-in

Natascha Koppermann

# Wettbewerbsfähigkeit von kleinen und mittelständischen Unternehmen in Österreich

GRIN Verlag

**GRIN - Your knowledge has value**

Der GRIN Verlag publiziert seit 1998 wissenschaftliche Arbeiten von Studenten, Hochschullehrern und anderen Akademikern als eBook und gedrucktes Buch. Die Verlagswebsite www.grin.com ist die ideale Plattform zur Veröffentlichung von Hausarbeiten, Abschlussarbeiten, wissenschaftlichen Aufsätzen, Dissertationen und Fachbüchern.

**Besuchen Sie uns im Internet:**

http://www.grin.com/

http://www.facebook.com/grincom

http://www.twitter.com/grin_com

SRH FERNHOCHSCHULE RIEDLINGEN

# Hausarbeit im Modul Quantitative Verfahren (SPSS)

Wettbewerbsfähigkeit von klein- und mittelständischen
Unternehmen in Österreich.

Studiengang: Wirtschaftspsychologie und Change-Management (M. Sc.)

Vorgelegt von:

Natascha Koppermann                    Abgabetermin: 09.05.2016

# Inhaltsverzeichnis

3

# Abbildungsverzeichnis

# Tabellenverzeichnis

# Zeichenerklärung

| | |
|---|---|
| $N$ | Stichprobengröße |
| $\bar{X}$ | Mittelwert |
| $SD$ | Standardabweichung |
| $\sigma^2$ | Varianz |

# 1. Einleitung

Kleine und mittelständische Unternehmen tragen die österreichische Wirtschaft. Ihr Wettbewerb untereinander ist der Antrieb für das Wirtschaftswachstum. 2005 wurde von der IMAD GmbH eine Befragung zur Wettbewerbsfähigkeit österreichischer KMU (kleine und mittelständische Unternehmen) durchgeführt. Die erhobenen Daten werden in der folgenden Untersuchung analysiert und interpretiert. So soll folgenden Fragen nachgegangen werden:

1. Welchen Herausforderungen sehen sich die befragten Unternehmen im Wettbewerb gegenüber?

2. Hat die geografische Lage Einfluss auf den Erfolg der KMU?

3. Welche Erfahrung haben die befragten Unternehmen mit aktuellen Management-konzepten? Gibt es hier Branchenunterschiede und welche Erfahrungen unterscheiden erfolgreiche Unternehmen von nicht erfolgreichen?

Bevor diesen Fragen nachgegangen wird, ist in Kapitel 2 die Bedeutung der KMU für die österreichische Wirtschaft ausgeführt. Die Ergebnisse der ausführlichen Datenanalyse sind in Kapitel 3 dargestellt. Hierfür wird die Struktur der Stichprobe anhand unterschiedlicher Variablen erläutert und anschließend die oben genannten Fragen bearbeitet.

Um die Reliabilität der Befragung zu untersuchen, werden daraufhin die Items zu folgenden Themen jeweils auf interne Konsistenz geprüft: Wettbewerbsrelevante Herausforderungen, Wettbewerb aufgrund interner Funktionen sowie Wettbewerbsfähigkeit aufgrund unternehmensspezifischer Kompetenzen.

Schließlich erfolgt eine Dimensionsreduzierung der Items zur Wettbewerbsfähigkeit aufgrund interner Funktionen mit Hilfe einer explorativen Faktorenanalyse.

## 2. Klein- und mittelständische Unternehmen in Österreich

Kleine und mittelständische Unternehmen (KMU, oder in Österreich auch KMB – Klein-und Mittelbetriebe) werden in der EU-Empfehlung von 2003 definiert. Sie haben ein bis 249 Mitarbeitende und erwirtschaften einen Jahresumsatz von maximal 50 Millionen Euro oder weisen eine Bilanzsumme von maximal 43 Millionen Euro auf. KMU werden unterteilt in Kleinstunternehmen, kleine und mittlere Unternehmen (Tabelle 2.1). Außerdem darf es sich bei einem KMU nicht um ein Partnerunternehmen oder ein verbundenes Unternehmen handeln.[1]

| Bezeichnung | Anzahl Mitarbeitende | Grenzen Jahresumsatz/-bilanz |
|---|---|---|
| Kleinstunternehmen | 1 – 9 Mitarbeitende | Jahresumsatz / Jahresbilanz < 2 Mio. € |
| Kleines Unternehmen | 10 – 49 Mitarbeitende | Jahresumsatz / Jahresbilanz < 10 Mio. € |
| Mittleres Unternehmen | 50 – 249 Mitarbeitende | Jahresumsatz < 50 Mio. € oder Jahresbilanz < 43 Mio. € |

**Tabelle 2.1** Definition Kleinstunternehmen, kleine und mittlere Unternehmen.
(Quelle: Europäische Kommission, 2003[2]. Eigene Darstellung.)

EU-weit haben KMU eine große Bedeutung für die Wirtschaftsstruktur. 99,6 % bis 99,9 % der Unternehmen in den EU-Ländern gehörten 2008 zu den KMU. In Österreich waren es zu dem Zeitpunkt 99,7 %.[3] Zwischen 1995 und 2007 ist allein die Anzahl der KMU um 59 % gestiegen. Zum Vergleich: die Anzahl der Großbetriebe stieg um 20 %.[4]

Die betriebswirtschaftliche Situation der österreichischen KMU ist sehr heterogen: *„Outperformer" mit mehr als 30 % Eigenkapitalquote und einer Umsatzrentabilität (Gewinn vor Steuern in % des Umsatzes) von über 5 % stehen „Underperformern" (Unternehmen, die buchmäßig überschuldet sind und Verluste schreiben) gegenüber.*

---

[1] Europäische Kommission (2003)
[2] ebd.
[3] Schmiemann (2008)
[4] Bornett (2008)

*19 % der KMU können im Bilanzjahr 2013/14 den Outperformern und 15 % den Underperformern zugerechnet werden.* "[5]

In Österreich werden alle Sparten der gewerblichen Wirtschaft von kleinen und mittelständischen Unternehmen dominiert.[6] Die Wirtschaftskammer Österreich bezeichnet die KMU als *„Motor für Wachstum und Beschäftigung"*[7]. Dies bekräftigen folgende Aussagen:

- Rund 67 % der Arbeitnehmer sind 2016 in KMU beschäftigt.[8] Die Anzahl der Beschäftigten war in den letzten Jahren stetig steigend.[9] Zudem bilden die KMU den Großteil der Lehrlinge in Österreich aus. *„Das duale Ausbildungssystem zählt zu den Stärken der österreichischen Wirtschaft und gilt international als Vorzeigemodell.* "[10]

- *„Die KMU erzielten im Jahr 2013 Umsatzerlöse in der Höhe von 408 Mrd. Euro und eine Bruttowertschöpfung zu Faktorkosten von fast 94 Mrd. Euro. Dies entspricht rund 63 % der Umsätze und 59 % der Wertschöpfung der gewerblichen Wirtschaft in Österreich.* "[11]

Eine große Rolle für das Unternehmenswachstum spielt die Innovationskraft der Unternehmen. Laut Innovationserhebung der UniCredit Bank 2012 sind österreichische KMU innovativer als der EU-Durchschnitt. Dies führt zu 7 % mehr Umsatz allein durch Produktinnovationen. Innovation hat einen erheblichen Nutzen für die Volkswirtschaft: ausbaufähiges Wirtschaftswachstum im Wettbewerb mit skandinavischen Ländern sowie mehr Beschäftigung. Da in Österreich ca. zwei Drittel der Wertschöpfung in KMU entsteht, müssen diese wachsen. Innovation als Wachstumstreiber ist daher auch für KMU von Interesse.[12]

Stetiges Wachstum, sei es durch Innovation, Unternehmensentwicklungen oder äußere Umstände erfordert stetige Veränderung und Wettbewerb. In den folgenden Analysen wird

---

[5] Schneider und Haushofer (2015)
[6] ebd.
[7] Wirtschaftskammer Österreich (2016)
[8] ebd.
[9] Bornett (2008)
[10] Schneider und Haushofer (2015)
[11] ebd.
[12] Bank Austria / Economics & Market Analysis Austria, Marketing & Segments Business Clients and Agnes Streissler Wirtschaftspolitische Projektberatung (2012)

daher die Wettbewerbsfähigkeit österreichischer KMU untersucht. Dabei werden die äußeren Herausforderungen auf dem Markt, die Bedeutung interner Funktionen, die Wichtigkeit unternehmensspezifischer Kompetenzen und die Erfahrung mit aktuellen Managementkonzepten analysiert. Ziel ist unter anderem herauszufinden, was KMU in Österreich im Jahr 2005 beschäftigt und was erfolgreiche Unternehmen von nicht erfolgreichen Unternehmen unterscheidet.

# 3. Datenanalyse

Es wurden 500 Klein- und Mittelständische Unternehmen zu unterschiedlichen Themen der Wettbewerbsfähigkeit befragt. Dabei wurde ausschließlich nach der Anzahl der Beschäftigten gefragt, nicht aber nach dem Jahresumsatz oder der Jahresbilanzsumme. Damit wird die Unterteilung in Kleinstunternehmen, kleine und mittlere Unternehmen in den folgenden Analysen und Interpretationen ausschließlich aufgrund des Kriteriums *Betriebsgrößenklasse* vorgenommen.

Nicht alle Fälle konnten in die folgenden Analysen einberechnet werden, da Daten fehlen. Zum Umgang mit fehlenden Daten wurde in SPSS die Option *Listenweiser Fallausschluss* gewählt. Das bedeutet, pro Analyse wurden alle Daten eines Falls ausgeschlossen, bei dem ein für die Analyse wichtiger Wert fehlt. Bei Analysen, für die der fehlende Wert keine Bedeutung hat, wurde dieser Fall jedoch einbezogen. Die fehlenden Daten wurden also nicht ersetzt. Dies führte gegebenenfalls zu verschiedenen Analysestichproben. Da sich die fehlenden Daten jedoch immer unter 5% der Stichprobengröße bewegen und es sich um eine Messung zu nur einem Zeitpunkt handelt, hat dies statistisch keine Nachteile.

Im Folgenden werden die Ergebnisse in einer deskriptiven Analyse dargestellt und anschließend einige inferenzstatistische Untersuchungen vorgenommen.

## 3.1. Verteilung auf Branchen, Bundesländer und Betriebsgrößenklassen

Die befragten Unternehmen verteilen sich auf 11 Branchen / Branchengruppen, die im Fragebogen vorgegeben sind. Der größte Anteil der Unternehmen ist in unternehmensbezogenen Dienstleistungen, im Einzelhandel und in der Reparatur von Gebrauchsgegenständen tätig. Diese beiden Branchengruppen machen über 50 % der befragten Unternehmen aus. Laut Statistik Austria gehört der Einzelhandel in Österreich zu einer der Branchen mit den meisten Unternehmen und hat einen Anteil von 56 % am gesamten Handel.[13] Die Branchengruppe *Unternehmensbezogene Dienstleistungen* ist nicht Trennscharf zu allen weiteren Wahlmöglichkeiten und beinhaltet diverse Branchen.

Nach Bornett (2008) ist die größte Sparte der KMU in Österreich das Gewerbe und Handwerk. Diese stecken zum Teil in den unternehmensbezogenen Dienstleistungen, zum Teil in weiteren aufgeführten Branchen, werden in der vorliegenden Befragung jedoch nicht gesamt ausgewertet. Auch das Bauwesen zählt zu Gewerbe und Handwerk und zeigt in Abb. 3.1 einen Anteil von 13,6 % der befragten Unternehmen. Alle weiteren Branchen machen einen mit Abstand geringeren Anteil aus.

Die Branche *Herstellung von Chemikalien / chemischen Erzeugnissen* ist mit dem geringsten Anteil vertreten. Grund hierfür kann die Spezialisierung der Branche sein. Im Gegensatz zu *Unternehmensbezogenen Dienstleistungen*, der sich eine Reihe von heterogenen Betrieben zuordnen lassen, ist hier ausschließlich die homogene Gruppe der Chemieindustrie vertreten. Vergleichbar wäre eine Einteilung in die Sparte *Industrie*, der noch weitere genannte Branchen angehören. Diese wurde in der vorliegenden Befragung jedoch detaillierter ausgewertet.

Die größte Bedeutung haben KMU laut Bornett (2008) im Tourismus.[14] 99,9 % der Tourismusbetriebe sind klein- oder mittelständisch. Dies wird in der Befragung außen vorgelassen, was zu Verzerrungen in den Ergebnissen führen kann.

---

[13] Statistik Austria (2015a)
[14] Bornett (2008)

11

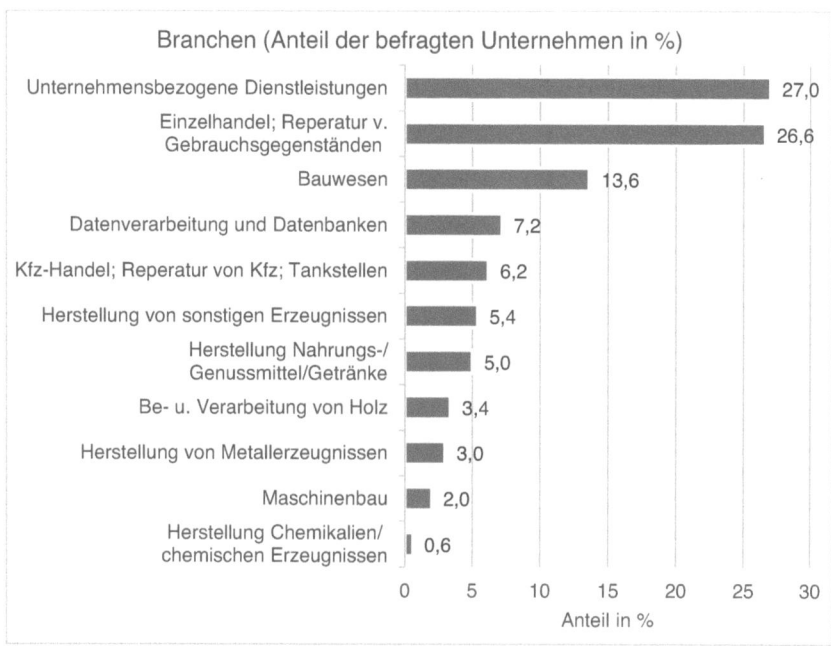

Abb. 3.1    Branchenverteilung (Anteil der befragten Unternehmen in %).
(Datenquelle: IMAD GmbH, 2005. Eigene Darstellung.)

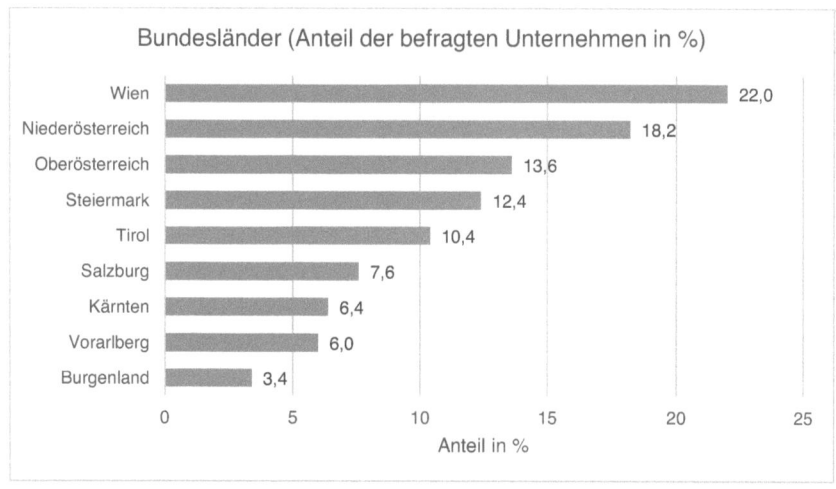

Abb. 3.2    Bundesländer-Verteilung (Anteil der befragten Unternehmen in %).
(Datenquelle: IMAD GmbH, 2005. Eigene Darstellung.)

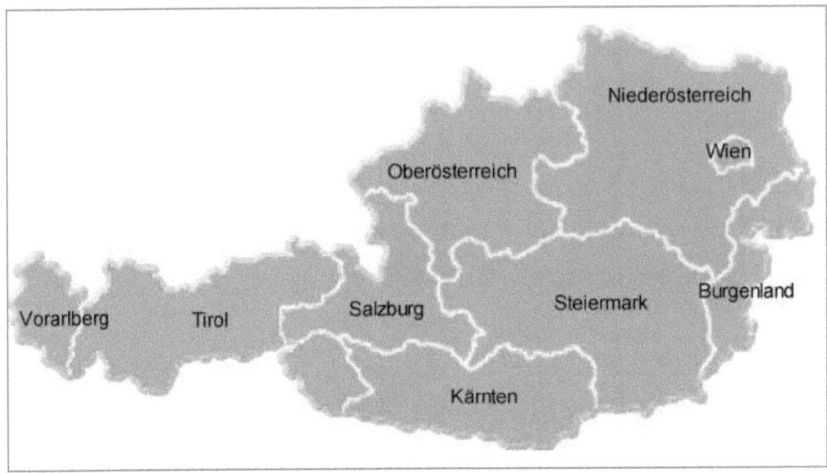

**Abb. 3.3** Bundesländer Österreichs.
(Quelle: www.oesterreich-gastgeber.com)

Über 50 % der befragten KMU befinden sich im Norden Österreichs, also in der Hauptstadt Wien sowie in Nieder- und Oberösterreich. Dies ist etwa proportional zur gesamten Unternehmensdemographie in Österreich (zwischen 2007 und 2013)[15] sowie zur Verteilung der Bevölkerungszahl in den Bundesländern.[16]

---

[15] Statistik Austria (2015b)
[16] Statistik Austria

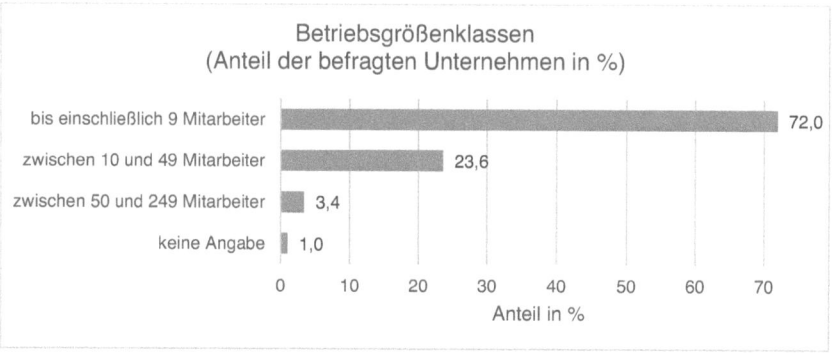

**Abb. 3.4**   Betriebsgrößenklassen (Anteil der befragten Unternehmen in %).
(Datenquelle: IMAD GmbH, 2005. Eigene Darstellung.)

Die Mehrzahl der österreichischen Unternehmen, 72 %, gehören zu den Kleinstbetrieben mit bis zu neun Mitarbeitenden. Dieser Anteil steigt bis 2012 auf 87,1 %. Mit beiden Werten liegt Österreich unter dem EU-Durchschnitt von 92,7 % Kleinstunternehmen im Jahr 2012.[17]

Mit 3,4 % gehört der geringste Anteil der befragten Unternehmen zu den mittelständischen Betrieben. Im Jahr 2012 liegt dieser Wert bei 1,7 % und damit über dem EU-Durchschnitt von 1 %.[18]

### 3.2.   Unternehmenserfolg

Für den gesamtwirtschaftlichen Erfolg wird eine positive Entwicklung des Unternehmens-erfolgs der KMU erwartet. In Abb. 3.5 sind die Indikatoren Umsatz, Gewinn und Marktanteil und die Häufigkeit ihrer Entwicklung gegenübergestellt. Bei der Mehrheit der befragten Unternehmen hat sich keiner der Faktoren in den letzten fünf Jahren verändert. Interessant sind jedoch die Häufigkeiten von Zunahme und Abnahme der einzelnen Faktoren: Umsatz, Gewinn und Marktanteil sind in den letzten fünf Jahren bei mehr Unternehmen gestiegen als gesunken. Der größte Unterschied zwischen erfolgreichen

---

[17] Schmiemann (2008)
[18] ebd.

(Zunahme) und nicht erfolgreichen (Abnahme) Unternehmen ist mit 14,2 % bei der Umsatzentwicklung zu sehen. Der geringste Unterschied lässt sich mit 5,4 % bei der Marktanteilentwicklung feststellen. Es lässt sich also insgesamt eine positive Entwicklung des Unternehmenserfolgs der KMU feststellen.

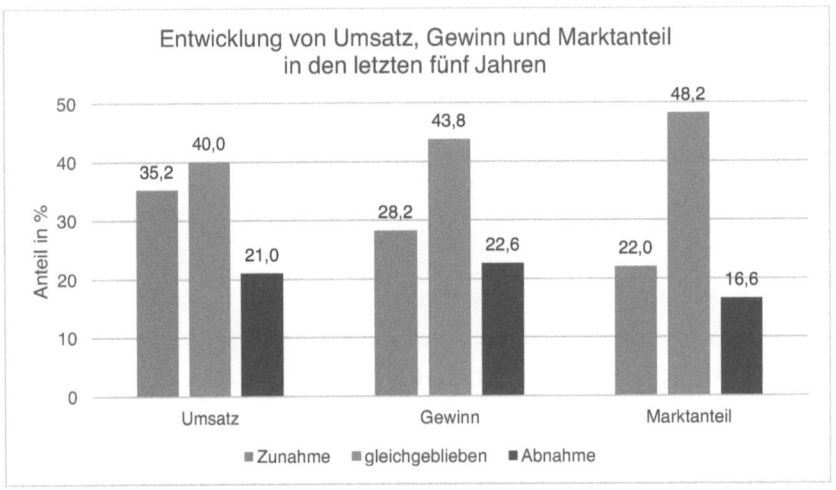

**Abb. 3.5** Entwicklung von Umsatz, Gewinn und Marktanteil der befragten Unternehmen in den letzten fünf Jahren.
(Datenquelle: IMAD GmbH, 2005. Eigene Darstellung.)

Tabelle 3.1 zeigt die deskriptive Analyse der prozentualen Entwicklung von Umsatz, Gewinn und Marktanteil in den letzten fünf Jahren. Im Durchschnitt verzeichnen die erfolgreichen Unternehmen eine Umsatzzunahme von 34,49 % (*SD* = 35,14), eine Gewinnzunahme von 35,66 % (SD = 59,34) und eine Zunahme des Marktanteils von 19,06 % (SD = 13,88) in fünf Jahren. Die nicht erfolgreichen Unternehmen verzeichnen durchschnittlich eine Umsatzabnahme von 21,01 % (SD =13,06), eine Gewinnabnahme von 22,93 % (SD = 19,19) und eine Abnahme des Marktanteils von 17,91 % (SD = 10,31).

Die hohen Standardabweichungen zeigen, dass die prozentualen Zu- und Abnahmen sehr weit gestreut sind. Die Mittelwerte stellen somit keine repräsentativen Erwartungswerte dar.

| | | N | Min. | Max. | $\bar{X}$ | SD | $\sigma^2$ |
|---|---|---|---|---|---|---|---|
| Umsatz | Zunahme | 114 | 1,0 % | 200 % | 34,49 % | 35,14 | 1234,75 |
| | Abnahme | 75 | 2,0 % | 70 % | 21,01 % | 13,06 | 170,45 |
| Gewinn | Zunahme | 78 | 2,0 % | 400 % | 35,66 % | 59,34 | 3520,78 |
| | Abnahme | 73 | 2,0 % | 100 % | 22,93 % | 19,19 | 368,06 |
| Marktanteil | Zunahme | 63 | 0,2 % | 50 % | 19,06 % | 13,88 | 192,52 |
| | Abnahme | 44 | 3,0 % | 50 % | 17,91 % | 10,31 | 106,32 |

**Tabelle 3.1**  Deskriptive Analyse der Entwicklung von Umsatz, Gewinn und Marktanteil der befragten Unternehmen in den letzten fünf Jahren. (Datenquelle: IMAD GmbH, 2005. Eigene Darstellung.)

Für den weiteren Verlauf der Analysen ist jedoch interessant, wie erfolgreich die Unternehmen der einzelnen Branchen sind. Daher ist in Abb. 3.6 die Gewinnentwicklung pro Branche dargestellt. Besonders erfolgreich sind die Branchen *Herstellung von Chemikalien / chemische Erzeugnisse, Maschinenbau, Kfz-Handel / Reparatur von Kfz / Tankstellen* sowie *Datenverarbeitung und Datenbanken*. Bei der Interpretation der Daten ist jedoch zu beachten, dass die absolute Anzahl der befragten Unternehmen aus der Chemie-Industrie lediglich Drei beträgt.

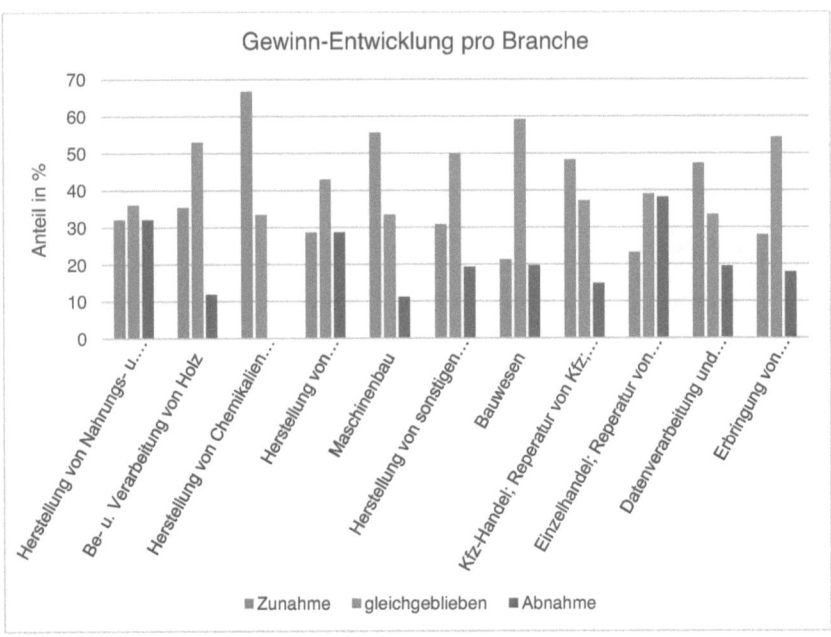

**Abb. 3.6** Gewinn-Entwicklung pro Branche.
(Datenquelle: IMAD GmbH, 2005. Eigene Darstellung.)

### 3.3. Herausforderungen

In Abb. 3.7 sind die wichtigsten Herausforderungen im Wettbewerb dargestellt. Es handelt sich dabei um die subjektive Beurteilung der befragten Unternehmen.

Die mit Abstand wichtigsten Herausforderungen sind:

- Preiswettbewerb (79,4 % Zustimmung)

- Steigende Personalkosten (70,4 % Zustimmung)

- Qualitätswettbewerb (68 % Zustimmung)

- Veränderung der Kundenstruktur, -ansprüche und -erwartungen (66 % Zustimmung)

Der Preiswettbewerb erhält die deutlichste Zustimmung: 50,2 % der Unternehmen wählten hier die Skalenausprägung „stimme voll und ganz zu".

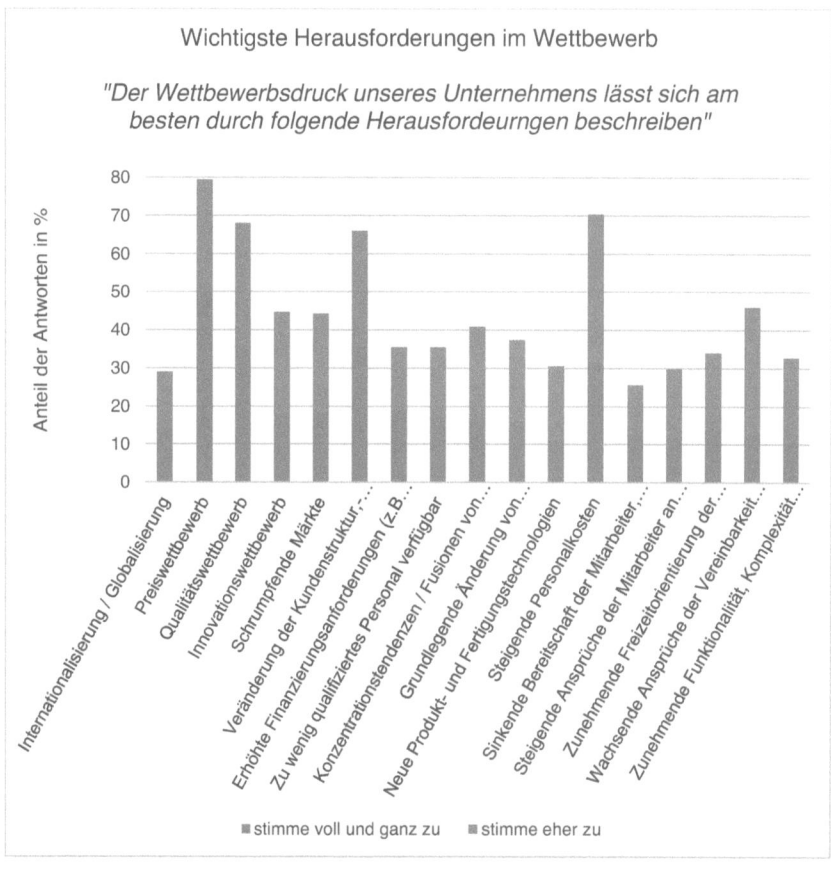

**Abb. 3.7** Wichtigste wettbewerbsrelevante Herausforderungen.
(Datenquelle: IMAD GmbH, 2005. Eigene Darstellung.)

Als unwichtigste Herausforderung wird die sinkende Bereitschaft der Mitarbeiter, sich langfristig an das Unternehmen zu binden, gesehen. 25,6 % der Unternehmen stimmen dieser Herausforderung nicht zu. Grundsätzlich werden Herausforderungen in Verbindung mit dem Personal als weniger wichtig erachtet: zu wenig verfügbares qualifiziertes Personal, steigende Ansprüche der Mitarbeiter an ihre Arbeit und eine zunehmende Freizeitorientierung der Mitarbeitenden scheinen keine Herausforderungen im Wettbewerb darzustellen.

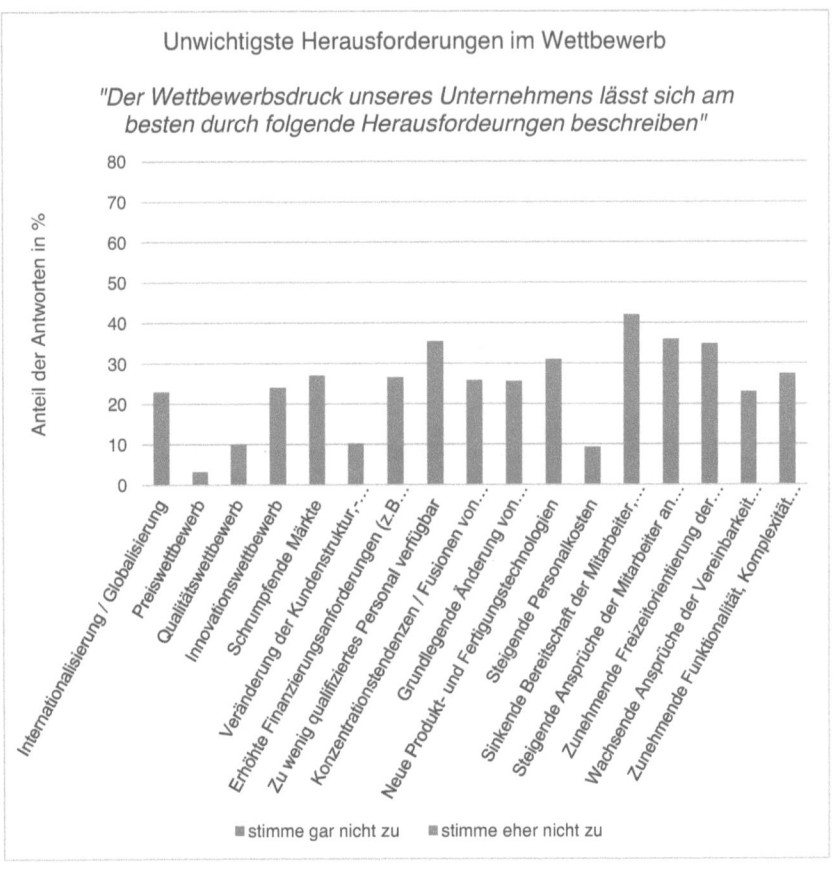

**Abb. 3.8**   Unwichtigste wettbewerbsrelevante Herausforderungen.
(Datenquelle: IMAD GmbH, 2005. Eigene Darstellung.)

Eine Übersicht zur Wichtigkeit interner Funktionen für die Wettbewerbsfähigkeit zeigt Abb. 3.9.

Als deutlich wichtigste interne Funktion für die Wettbewerbsfähigkeit wird der *Service / Kundendienst* angegeben. 95,2 % der Unternehmen bewerten diese Funktion mit wichtig bis sehr wichtig. Nur 1,8 % und damit mit Abstand die wenigsten Unternehmen bewerten diese als weniger wichtig oder unwichtig. Dies untermauert das Ergebnis zu den für wichtig erachteten Herausforderungen:   indem großen Wert auf den Service gelegt wird, entsprechen die Unternehmen den Veränderung der Kundenstruktur, -ansprüche und -erwartungen.

Die *Forschung und Entwicklung (F & E)* hingegen wird nur von 26 % der Unternehmen als wichtig bis sehr wichtig erachtet. Hier lässt sich mit 42,6 % auch die größte Zustimmung für die Skalenausprägungen weniger wichtig und unwichtig feststellen. Neben der *Forschung und Entwicklung* liegt der Anteil der Unternehmen, die die *Produktion* für wichtig bis sehr wichtig halten unter 50 %. Alle weiteren internen Funktionen übersteigen diesen Wert. Hier finden sich zwei Widersprüche: Zum einen zur eingangs erwähnten Wichtigkeit von Innovationen, zum andern zur großen Herausforderung im Qualitätswettbewerb.

Die hohe Bewertung der Wichtigkeit von *Einkauf/Beschaffung* und *Finanzen* lässt darauf schließen, dass nach Lösungen für den Preiswettbewerb gesucht wird.

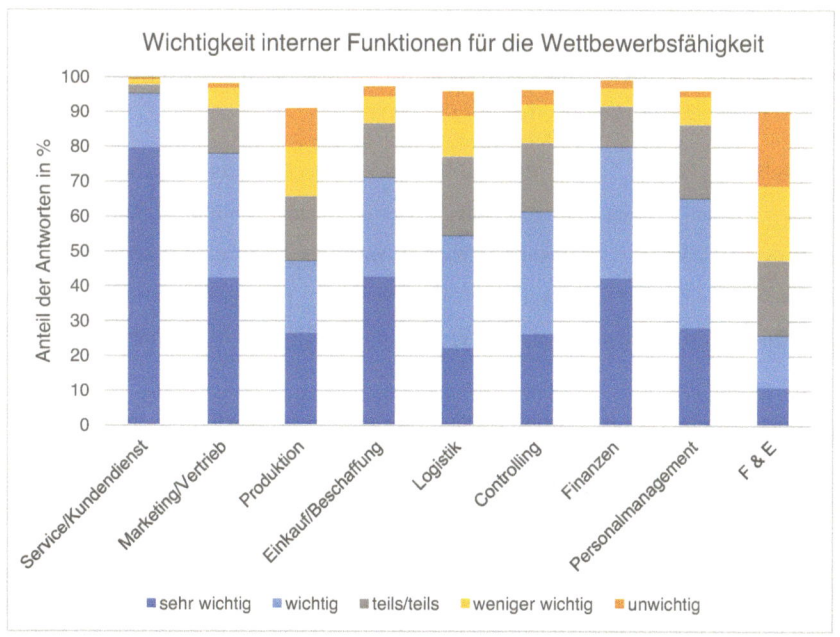

**Abb. 3.9** Wettbewerbsfähigkeit aufgrund interner Funktionen.
(Datenquelle: IMAD GmbH, 2005. Eigene Darstellung.)

Welche unternehmensspezifischen Kompetenzen als wichtig bewertet werden, zeigt die Übersicht Abb. 3.10. Auffällig wenig Unternehmen (unter 30 %) geben folgende beiden Kompetenzen als wichtig oder sehr wichtig an:

- Absicherung von Innovationen durch Patente / Rechten (19 %),
- Breiter Vertrieb, d. h. dichtes Händlernetz (28,8 %).

Die Marke von 90 % der Angaben wichtig bis sehr wichtig übersteigen die Kompetenzen:

- Qualität der Dienstleistungen und Produkte (96,2 %),
- Kompetenz der Unternehmensleitung / Geschäftsleitung (92,8 %).

Der Widerspruch zur Wichtigkeit von Innovationen wird auch in dieser Analyse deutlich. Dazu gibt es zwei Interpretationsmöglichkeiten:

1. Die befragten Unternehmen sind sich zum Befragungszeitpunkt 2005 nicht bewusst, dass Innovationsfähigkeit für den zukünftigen Wettbewerb unerlässlich ist.

2. Vorhandene Ressourcen werden für elementarere Entwicklungen investiert, um die aktuelle Wettbewerbsfähigkeit zu erhalten.

Die Ergebnisse zeigen, dass die KMU statt auf Innovationsentwicklung auf Qualitätsentwicklung setzen. Dies ist in allen bisherigen Analysen auffällig. Wirtschaftlich gesehen ist dieses Vorgehen sinnvoll, da nach Aussage der Unternehmen sowohl starker Preis- als auch Qualitätswettbewerb herrscht. Kann im Preiswettbewerb nicht mehr mitgehalten werden, lassen sich Preise mit der Qualitätsentwicklung rechtfertigen.

Auch die Wichtigkeit des Service bzw. der Kundenorientierung wird mit den Ergebnissen zu den unternehmensspezifischen Kompetenzen durch folgende Daten untermauert:

- 87,4 % Zustimmung zur Wichtigkeit, die Kundenbedürfnisse schnell zu erkennen und in neue Produkte umzusetzen,
- 88,4 % Zustimmung zur Wichtigkeit, schnell und pünktlich liefern zu können,
- 85,4 % Zustimmung zur Wichtigkeit des Images und Bekanntheitsgrades des Unternehmens.

Ein Punkt, der als geringe Herausforderung im Wettbewerb angesehen wurde, wird dennoch als wichtige unternehmensspezifische Kompetenz angegeben: die Mitarbeitenden. Die Qualifikation, Kompetenz, Loyalität und Motivation der Mitarbeitenden sowie die flexible interne Organisation und Arbeitsabläufe werden jeweils von über 85 % der Unternehmen als wichtige bis sehr wichtige Kompetenzen bewertet. Den Unternehmen scheint bewusst zu sein, dass ihre Mitarbeitenden ihr Kapital sind und gute Qualität nur mit qualifiziertem und motiviertem Personal zu erreichen ist. Im Wettbewerb mit Konkurrenten werden zwar auch steigende Personalkosten als Herausforderung gesehen, dennoch stehen die Produkte bzw. deren Preis und Qualität im Vordergrund.

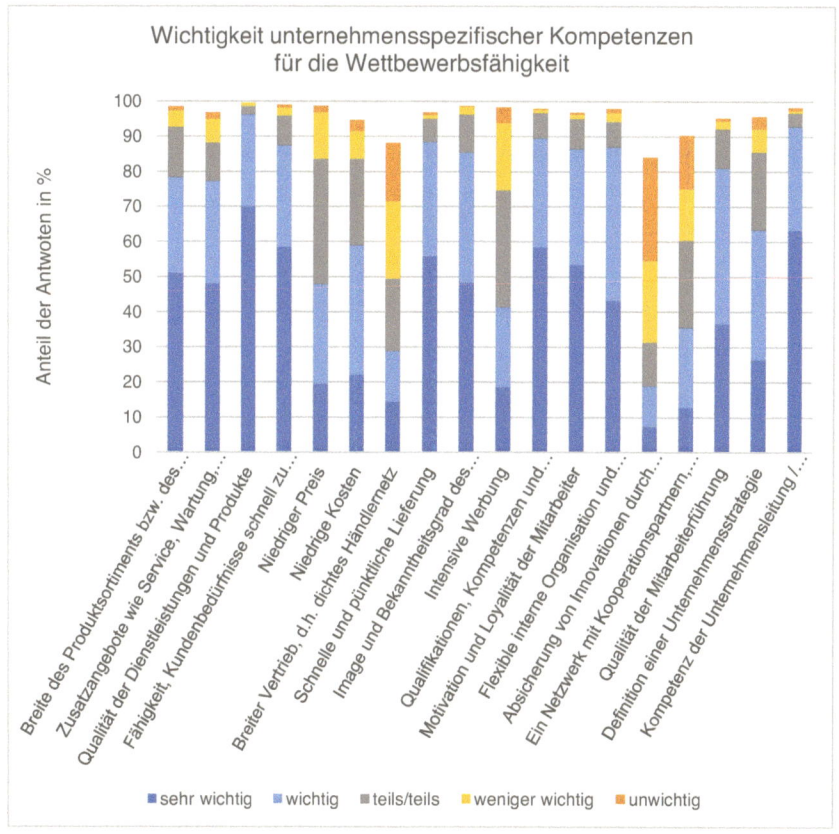

**Abb. 3.6** Wichtigkeit unternehmensspezifischer Kompetenzen für die Wettbewerbsfähigkeit.
(Datenquelle: IMAD GmbH, 2005. Eigene Darstellung.)

## 3.4.　Inferenzstatistische Analysen

Für viele Verfahren ist es notwendig, dass die Stichprobe normalverteilt ist. Aus diesem Grund werden die Gesamtstichprobe sowie die Teilstichprobe erfolgreiche Unternehmen auf Normalverteilung geprüft, bevor weitere Berechnungen folgen. Die Nullhypothese $H_0$ hierfür lautet:

*Die empirische Verteilung der Daten ist normalverteilt.*

Geprüft wird mit dem Kolmogorov-Smirnov-Test, der zwei Wahrscheinlichkeits-verteilungen miteinander übereinstimmen – in diesem Fall die empirischen Daten mit der Normalverteilung. Es wurden in der Gesamtstichprobe die Variablen *Bundesland, Gewinn, Gewinnzunahme* und *Branche* getestet. In der Teilstichprobe wurden die Variablen *Bundesland* und *Gewinnzunahme* geprüft. Alle asymptotischen Signifikanzen liegen unter 0,05, damit wird $H_0$ verworfen: die Daten sind nicht normalverteilt.

### 3.4.1　Einfluss der geografischen Lage auf den Unternehmenserfolg

Die Branchen der österreichischen Wirtschaft lassen sich auf die einzelnen Bundesländer verteilen. Die Schwerpunkte der Bundesländer sind in Tabelle 3.2, der Wirtschaftslandkarte dargestellt.

Gibt es signifikante Mittelwertunterschiede der Gewinnzunahmen zwischen den Bundesländern, kann dies im besten Fall auf die Schwerpunktbranchen zurückgeführt werden und besonders erfolgreiche Branchen sowie ihre wirtschaftliche Bedeutung für das geografische Umfeld ermittelt werden.

| Bundesland | Schwerpunkt |
|---|---|
| Tirol | Glas und Holz |
| Wien | Finanzdienstleistungen |
| Burgenland | --- |
| Steiermark | Eisen- und Stahlindustrie, verarbeitende Industrie und Kraftfahrzeuge |
| Niederösterreich | --- |
| Salzburg | Elektro-, Holz- und Papierindustrie, überregionale Dienstleistungen in Großhandels- und Verkehrswirtschaft |
| Oberösterreich | Eisen-, Stahl-, Chemie- und Maschinenbauindustrie |
| Vorarlberg | Textilien und Bekleidung |
| Kärnten | Holz- und Papierindustrie |

**Tabelle 3.2**  Wirtschaftslandkarte Österreich.
Quelle: UniCredit Bank Austria.[19]

Die graphische Darstellung der durchschnittlichen Zunahme der Gewinne zeigt zum Teil große Unterschiede zwischen einzelnen Bundesländern. Allerdings sind die Werte der Standardabweichungen, z.b. in Tirol sehr groß und überschneiden sich graphisch gegenseitig. Aus diesem Grund liegt die Vermutung nahe, dass keine signifikanten Mittelwertunterschiede vorliegen. Dies wird im Folgenden getestet.

---

[19] Bank Austria / Economics & Market Analysis Austria, Marketing & Segments Business Clients and Agnes Streissler Wirtschaftspolitische Projektberatung (2012)

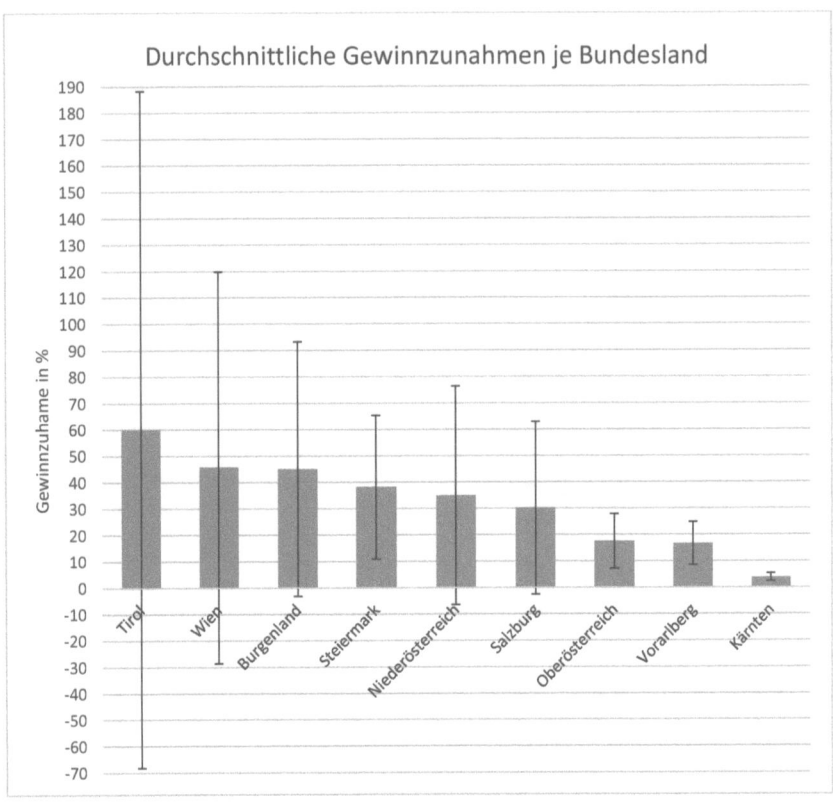

**Abb. 3.71** Durchschnittliche Gewinnzunahme (inkl. Standardabweichungen) der befragten Unternehmen pro Bundesland.
(Datenquelle: IMAD GmbH, 2005. Eigene Darstellung.)

Da die Stichproben nicht normalverteilt sind und es sich um einen Vergleich von mehr als zwei unabhängige Stichproben handelt, wird der Kruskal-Wallis H-Test angewandt. Die Hypothese $H_0$ lautet:

$H_0$: *Die Mittelwerte der Gewinnzunahmen in den letzten fünf Jahren in den unterschiedlichen Bundesländern unterscheiden sich nicht signifikant.*

Der Kruskal-Wallis H-Test zeigt eine asymptotische Signifikanz von 0,078. Da diese den Grenzwert von 0,05 übersteigt, ist das Ergebnis nicht signifikant und die Hypothese $H_0$ wird angenommen.

Die geografische Lage hat laut der vorliegenden Ergebnisse also keinen Einfluss auf den Erfolg der befragten Unternehmen. Zudem kann von der geografischen Lage nicht auf den Erfolg bestimmter Branchen geschlossen werden.

### 3.4.2 Erfahrung mit aktuellen Managementkonzepten

Die befragten Unternehmen gaben an, welche aktuellen Managementkonzepte sie einsetzen, um ihre Wettbewerbsposition zu verbessern. Dabei konnten sie die Konzepte mit folgenden Skalenausprägungen bewerten: *unternehmensweit erprobt (1)*, *in kleinen Einheiten erprobt (2)*, *Experimentierstadium (3)* und *nicht beurteilbar (0)*. Im Folgenden wird ermittelt, ob sich die Antworten in den unterschiedlichen Branchen signifikant voneinander unterscheiden und wenn ja, auf welche Branchen diese Unterschiede zurückzuführen sind.

Da es sich um ordinalskalierte Items handelt, können signifikante Unterschiede zwischen den Antworten mit Hilfe der Mediane aufgedeckt werden. Auch hier wird der Kruskal-Wallis H-Test als nicht-parametrischer Test für mehr als zwei unabhängige Variablen angewandt. Die Hypothese $H_0$ lautet:

*$H_0$: Die Mediane der Managementkonzepte in den verschiedenen Branchen unterscheiden sich nicht.*

Aufgrund von asymptotischen Signifikanzen, die den Grenzwert von 0,05 nicht übersteigen, wird $H_0$ verworfen, wenn es um die Erfahrung mit folgenden Managementkonzepten geht:

- Projektmanagement,
- Wissensmanagement,
- IT-Management,
- Performance Management,
- Lean Management und
- Change Management / Unternehmensentwicklung.

Es sind also signifikante Branchenunterschiede in der Erfahrung mit diesen Konzepten zu verzeichnen.

| Nullhypothesen | Signifikanz | Annahme der Nullhypothese |
|---|---|---|
| Die Mediane des Managementkonzepts *Qualitätsmanagement* in den verschiedenen Branchen unterscheiden sich nicht. | 0,596 | ja |
| Die Mediane des Managementkonzepts *Prozessmanagement* in den verschiedenen Branchen unterscheiden sich nicht. | 0,092 | ja |
| Die Mediane des Managementkonzepts *Projektmanagement* in den verschiedenen Branchen unterscheiden sich nicht. | 0,010 | nein |
| Die Mediane des Managementkonzepts *Wissensmanagement* in den verschiedenen Branchen unterscheiden sich nicht. | 0,002 | nein |
| Die Mediane des Managementkonzepts *IT-Management* in den verschiedenen Branchen unterscheiden sich nicht. | 0,033 | nein |
| Die Mediane des Managementkonzepts *Strategisches Management* in den verschiedenen Branchen unterscheiden sich nicht. | 0,309 | ja |
| Die Mediane des Managementkonzepts *Performance Management* in den verschiedenen Branchen unterscheiden sich nicht. | 0,007 | nein |
| Die Mediane des Managementkonzepts *Lean Management* in den verschiedenen Branchen unterscheiden sich nicht. | 0,001 | nein |
| Die Mediane des Managementkonzepts *Change Management/Organisationsentwicklung* in den verschiedenen Branchen unterscheiden sich nicht. | 0,013 | nein |
| Die Mediane des Managementkonzepts *Personalmanagement* in den verschiedenen Branchen unterscheiden sich nicht. | 0,166 | ja |

**Tabelle 3.3**   Ergebnis des Kruskal-Wallis H-Test: Signifikanz der Median-Unterschiede bzgl. der Erfahrungen mit aktuellen Managementkonzepten.
(Datenquelle: IMAD GmbH, 2005. Eigene Darstellung.)

Die Mediane der einzelnen Konzepte verteilt auf die unterschiedlichen Branchen sind in Tabelle 3.4 zur Übersicht aufgeführt.

| | Projekt-mgmt. | Wissens-mgmt. | IT-Mgmt. | Perfor-mance Mgmt. | Lean Mgmt. | Change Mgmt. / UE |
|---|---|---|---|---|---|---|
| Herstellung Nahrungs-/Genussmittel/Getränke | 0,0 | 0,0 | 0,0 | 0,0 | 0,0 | 0,0 |
| Be- u. Verarbeitung von Holz | 1,0 | 0,0 | 0,0 | 0,0 | 0,0 | 0,0 |
| Herstellung Chemikalien/chemischen Erzeugnissen | 2,0 | konstant bei 3 | 1,0 | 2,0 | konstant bei 3 | 2,0 |
| Herstellung von Metallerzeugnissen | 1,0 | 1,0 | 0,0 | 0,0 | 0,0 | 1,0 |
| Maschinenbau | 1,0 | 0,0 | 0,0 | 0,0 | 0,0 | 0,5 |
| Herstellung von sonstigen Erzeugnissen | 1,5 | 0,5 | 1,0 | 1,0 | 0,5 | 1,0 |
| Bauwesen | 1,0 | 0,0 | 0,0 | 0,0 | 0,0 | 0,0 |
| Kfz-Handel; Reparatur von Kfz; Tankstellen | 0,5 | 0,0 | 0,0 | 0,0 | 0,0 | 0,0 |
| Einzelhandel; Reparatur v. Gebrauchsgegenständen | 0,0 | 0,0 | 0,0 | 0,0 | 0,0 | 0,0 |
| Datenverarbeitung und Datenbanken | 1,0 | 1,0 | 1,0 | 0,0 | 0,0 | 1,0 |
| Unternehmensbezogene Dienstleistungen | 1,0 | 1,0 | 0,0 | 0,0 | 0,0 | 0,0 |

**Tabelle 3.4** Mediane der Managementkonzepte verteilt auf Branchen. (Datenquelle: IMAD GmbH, 2005. Eigene Darstellung.)

Im Projektmanagement sind die *Herstellung von Nahrungs-/Genussmitteln und Getränken* und *Einzelhandel / Reparatur von Gebrauchsgegenständen* mit einem Median von 0 die Außenseiter. In allen anderen Branchen zeigen die Mediane, dass Erfahrung mit dem Konzept vorhanden ist.

Bei allen weiteren Managementkonzepten ist der Normalfall ein Median von 0. Hiervon weichen beim Wissensmanagement die Branchen *Herstellung von Chemikalien / chemischen Erzeugnissen, Herstellung von Metallerzeugnissen, Herstellung von sonstigen Erzeugnissen* und *Datenverarbeitung und Datenbanken* ab.

Im IT-Management liegen bei nur drei Branchen die Mediane bei 1. Alle anderen liegen bei 0. Hier scheinen die Branchen *Herstellung von Chemikalien / chemischen Erzeugnissen, Herstellung von sonstigen Erzeugnissen* und *Datenverarbeitung und Datenbanken* Vorreiter zu sein.

Beim Performance Management und Lean Management weichen ausschließlich die Branchen *Herstellung von Chemikalien / chemischen Erzeugnissen* sowie die *Herstellung von sonstigen Erzeugnissen* mit Medianen > 0 ab.

Auch beim Change Management ist die Branche *Herstellung von Chemikalien / chemischen Erzeugnissen* wieder eine der auffälligen mit einem Median > 1. Hinzu kommen die Branchen: *Herstellung von Metallerzeugnissen, Maschinenbau, Herstellung von sonstigen Erzeugnissen* sowie *Datenverarbeitung und Datenbanken*.

Insgesamt lassen sich die Unterschiede der Erfahrungen mit Managementkonzepten vor allem auf die Industrie und Datenverarbeitung zurückführen. Die *Herstellung von Chemikalien / chemischen Erzeugnissen* spielt eine besondere Rolle. Gleiche Tendenzen lassen sich bei der positiven Gewinn-Entwicklung pro Branche (Abb. 3.6) feststellen. Dies lässt die Vermutung zu, dass der Erfolg der Unternehmen auf die Erfahrung mit Managementkonzepten zurückzuführen ist.

Die Verteilung der Mediane in der Chemieindustrie ist außerdem besonders auffällig. Alle befragten Unternehmen dieser Branche gaben an, beim Wissens- und Lean-Management im Experimentierstadium zu sein, was auf einen Trend in der Chemieindustrie hindeutet.

Nachdem einige Branchenunterschiede in der Erfahrung mit aktuellen Managementkonzepten festgestellt wurden, wird nun ein Vergleich zwischen erfolgreichen Unternehmen mit einer positiven Gewinnentwicklung in den letzten fünf Jahren und nicht erfolgreichen Unternehmen mit einer negativen oder gleichgebliebenen Gewinnentwicklung vorgenommen.

Es handelt sich auch bei dieser Untersuchung um Items auf Ordinalskalen-Niveau und unabhängige Stichproben. Da es sich jedoch um nur zwei unabhängige Variablen handelt, wird hier der Mann-Whitney-U-Test angewandt.

Die allgemeine Nullhypothese $H_0$ lautet:

*Die Medianwerte des jeweiligen Managementkonzepts sind über die Kategorien von Erfolg (erfolgreich / nicht erfolgreich) gleich.*

In Tabelle 3.5 wird die Nullhypothese auf die einzelnen Managementtechniken aufgegliedert und das Ergebnis des Mann-Whitney-U-Tests dokumentiert.

| Nullhypothese | Signifikanz | Annahme der Nullhypothese |
|---|---|---|
| Der Medianwerte von Qualitätsmanagement sind über die Kategorien von Erfolg gleich. | 0,239 | ja |
| Der Medianwerte von Prozessmanagement sind über die Kategorien von Erfolg gleich. | 0,008 | nein |
| Der Medianwerte von Projektmanagement sind über die Kategorien von Erfolg gleich. | 0,145 | ja |
| Der Medianwerte von Wissensmanagement sind über die Kategorien von Erfolg gleich. | 0,530 | ja |
| Der Medianwerte von IT-Management sind über die Kategorien von Erfolg gleich. | 0,022 | nein |
| Der Medianwerte von Strategisches Management sind über die Kategorien von Erfolg gleich. | 0,265 | ja |
| Der Medianwerte von Performance Management sind über die Kategorien von Erfolg gleich. | 0,562 | ja |
| Der Medianwerte von Lean Management sind über die Kategorien von Erfolg gleich. | 0,203 | ja |
| Der Medianwerte von Change Management / Organisationsentwicklung sind über die Kategorien von Erfolg gleich. | 0,005 | nein |
| Der Medianwerte von Personalmanagement sind über die Kategorien von Erfolg gleich. | 0,005 | nein |

**Tabelle 3.5**  Mann-Whitney U-Test: Gleichheit der Medianwerte der Managementkonzepte über die Kategorien von *Erfolg*: erfolgreich, nicht erfolgreich.
(Datenquelle: IMAD GmbH, 2005. Eigene Darstellung.)

Für folgende Managementkonzepte wird H0 verworfen, da die Signifikanz den Grenzwert von 0,05 nicht überschreitet:

- Prozessmanagement
- IT-Management
- Change Management / Organisationsentwicklung
- Personalmanagement

Bei den Erfahrungen mit diesen Konzepten treten signifikante Unterschiede zwischen erfolgreichen und nicht erfolgreichen Unternehmen auf. Dass erfolgreiche Unternehmen mehr Erfahrung mit diesen Managementkonzepten haben, kann jedoch nicht sicher abgeleitet werden. Aussagen zur Kausalität sind aus statistischer Sicht hier nicht möglich.

### 3.5. Reliabiliätsbestimmung: Untersuchung der internen Konsistenz

Die interne Konsistenz ist ein Maß zur Reliabilitätsbestimmung und damit zur Bestimmung der Verlässlichkeit der vorgenommenen Messung. Mit Hilfe von Cronbachs Alpha wird erhoben, inwieweit die Items der drei Bereiche *Wettbewerbsrelevante Herausforderungen*, *Wettbewerbsfähigkeit aufgrund interner Funktionen* und *Wettbewerbsfähigkeit aufgrund unternehmensspezifischer Kompetenzen* jeweils zusammenhängen, obwohl kein Retest oder Paralleltest zur Verfügung steht, um die Reliabilität zu messen. Dabei werden die Items intern miteinander korreliert und die Güte jedes Items ermittelt.

Tabelle 3.6 zeigt die Kenngröße Cronbachs Alpha pro Item-Gruppe und dessen Bewertung, die standardisiert ist.

| Items | Cronbachs $\alpha$ | Bewertung |
|---|---|---|
| 1.1 – 1.17 | 0,808 | gut |
| 2.1 – 2.9 | 0,760 | akzeptabel |
| 3.1 – 3.18 | 0,737 | akzeptabel |

**Tabelle 3.6** Prüfung der internen Konsistenz.
(Datenquelle: IMAD GmbH, 2005. Eigene Darstellung.)

Die interne Konsistenz der Item-Gruppen ist also gut bis akzeptabel, das Messinstrument kann so, wie es ist genutzt werden.

Interessant ist auch die Auswertung "Cronbachs Alpha, wenn Item weggelassen" die SPSS mit auswirft. Hier ist zu erkennen, dass die interne Konsistenz mindestens akzeptabel bleibt, wenn in den Item-Gruppen jeweils ein beliebiges Item eliminiert wird. Kein Item ist besonders wichtig oder besonders unwichtig.

### 3.6. Explorative Faktorenanalyse: Wettbewerbsfähigkeit aufgrund interner Funktionen

Ziel der folgenden Faktorenanalyse ist vor Allem die Reduktion von Daten. Zusätzlich soll geprüft werden, ob Zusammenhänge zwischen Items auf latente Variablen zurückgeführt werden können und ob der Merkmalsbereich *Wettbewerbsfähigkeit aufgrund interner Funktionen* in homogenere Teilbereiche untergliedert werden kann.

Voraussetzung für eine ausrechende Korrelation und damit aussagekräftige Faktorenanalyse ist eine ausrechende Standardabweichung der Variablen. Die Standardabweichung der Variable *Service / Kundendienst* ist deutlich geringer, als die der anderen Variablen. Hier kommt gegebenenfalls keine ausreichende Korrelation zustande, was bei der weiteren Interpretation berücksichtigt werden muss.

Um die statistische Sinnhaftigkeit der Faktorenanalyse zu prüfen wurden mittels SPSS der Barlett-Test auf Sphärizität angewendet und die Prüfgröße von Kaiser-Mayer-Olkin (KMO-Wert) berechnet. Der Barlett-Test zeigt, dass sich die Korrelationsmatrix signifikant von der Einheitsmatrix unterschiedet. Der KMO-Wert von 0,776 befindet sich in einem ziemlich guten Bereich. Beide Ergebnisse machen deutlich, dass eine Faktorenanalyse statistisch sinnvoll und zielführend ist.

Für die Extraktion von Faktoren wurde eine Hauptkomponentenanalyse durchgeführt. Die Entscheidung hierfür fällt aufgrund des Ziels, eine reine Datenreduktion und Reduktion von Interkorrelationen zwischen den Variablen zu erreichen. Da die Hauptkomponentenanalyse die Residual- und Fehlervarianz nicht berücksichtigt, ist Sie nur zu diesem Zweck zu nutzen.[20]

Die optimale Anzahl der Faktoren wird mit Hilfe der Kaiser-Guttmann-Regel bestimmt. Das bedeutet, dass alle Faktoren mit einem Eigenwert > 1 in die Analyse aufgenommen werden. Da weniger als 40 Variablen in die Analyse einfließen, ist dieses klar definierte Kriterium sinnvoll.

Die Kommunalitäten zeigen die Passung der einzelnen Items zu den gebildeten Faktoren nach der Informationsreduktion. Die Passung des Items *Service / Kundendienst* ist als einzige nicht optimal, da sie mit einer Kommunalität von 0,174 unter dem Grenzwert von 0,4 liegt. Auch hier muss das Item *Service / Kundendienst* kritisch hinterfragt und bei weiteren Interpretationen berücksichtigt werden.

Die ersten beiden Faktoren haben einen Eigenwert >1 und erklären 49,975 % der Gesamtvarianz. Nach dem Kaiser-Guttmann-Kriterium werden also zwei Faktoren gebildet.

In der rotierten Komponentenmatrix kann die Verteilung der Variablen auf die beiden Komponenten bzw. Faktoren abgelesen werden. Da das Ziel der Analyse die reine Datenreduktion ist, wird hierfür eine orthogonale Rotation gewählt, genauer der Varimax-Algorithmus. Bei der Interpretation werden nach einer Faustregel alle Ladungen berücksichtigt, die > 0,30 sind.[21] Das Ergebnis ist in Tabelle 3.7 dargestellt:

---

[20] Loenhart (2004)
[21] Gorsuch (1983)

| | Komponente | |
|---|---|---|
| | 1 | 2 |
| Einkauf / Beschaffung | 0,770 | |
| Logistik | 0,768 | |
| Controlling | 0,744 | |
| Finanzen | 0,726 | |
| Forschung und Entwicklung | | 0,748 |
| Produktion | | 0,710 |
| Marketing / Vertrieb | | 0,582 |
| Personalmanagement | 0,385 | 0,535 |
| Service / Kundendienst | | 0,413 |

**Tabelle 3.7** Rotierte Komponentenmatrix I.
Extraktionsmethode: Hauptkomponentenanalyse. Rotationsmethode:
mit Kaiser-Normalisierung. In 3 Iterationen konvergiert.
(Datenquelle: IMAD GmbH, 2005. Eigene Darstellung.)

Die Variable *Personalmanagement* kann beiden Faktoren zugeordnet werden, da beide Ladungen > 0,3 sind. Da die Ladung bei Komponente 2 jedoch höher ist, wird die Variable eher hier zugeordnet. Die Variable *Service / Kundendienst* wird Komponente 2 zugeordnet. Aufgrund der geringen Kommunalität und damit geringen Passung zu beiden Komponenten, ist hier die Interpretation allerdings schwierig. Es gibt jedoch eine Möglichkeit, dieses Problem zu lösen: Die Variable Service / Kundendienst kann eine eigene Komponente bilden. Um diese Möglichkeit zu prüfen, wird eine weitere Faktorenanalyse vorgenommen:

Bei der Hauptkomponentenanalyse mit der Vorgabe, 3 Faktoren zu extrahieren, ergeben sich neue Kommunalitäten, die alle über dem Grenzwert von 0,4 liegen. Die Passung der Items ist hier also besser als beider ersten Analyse. Die ersten drei Faktoren erklären 60,898 % der Gesamtvarianz. Der Eigenwert des dritten Faktors ist nicht > 1, jedoch mit 0,983 nah dran. Die nun entstandene rotierte Komponentenmatrix ist in Tabelle 3.8 dargestellt.

| | Komponente | | |
|---|---|---|---|
| | 1 | 2 | 3 |
| Einkauf / Beschaffung | 0,771 | | |
| Logistik | 0,763 | | |
| Controlling | 0,738 | | |
| Finanzen | 0,724 | | |
| Forschung und Entwicklung | | 0,824 | |
| Produktion | | 0,796 | |
| Marketing / Vertrieb | | 0,475 | 0,371 |
| Personalmanagement | 0,379 | 0,458 | 0,303 |
| Service / Kundendienst | | | 0,942 |

**Tabelle 3.8**   Rotierte Komponentenmatrix II.
Extraktionsmethode: Hauptkomponentenanalyse mit 3 zu
extrahierende Faktoren. Rotationsmethode: Varimax mit Kaiser-
Normalisierung. In 4 Iterationen konvergiert.
(Datenquelle: IMAD GmbH, 2005. Eigene Darstellung.)

Die Variablen Marketing / Vertrieb sowie Personalmanagement werden den Komponenten
mit der jeweils höchsten Ladung zugeordnet. Deutlicher wird diese Zuordnung, wenn statt
der orthogonalen Rotation eine oblique Rotation angewendet wird. Tabelle 3.9 zeigt die
rotierte Komponentenmatrix bei obliquer Rotation mit Promax-Algorithmus. Die Ladungen
sind zum großen Teil höher und ausschließlich die Variable *Marketing / Vertrieb* hat
interpretierbare Ladungen in zwei Komponenten. Inhaltlich ist dies logisch, da sowohl
*Marketing / Vertrieb* als auch *Service / Kundendienst* die einzigen Unternehmensfunktionen
mit direktem und indirektem Kundenkontakt darstellen.

| | Komponente | | |
|---|---|---|---|
| | 1 | 2 | 3 |
| Einkauf / Beschaffung | 0,849 | | |
| Logistik | 0,780 | | |
| Controlling | 0,741 | | |
| Finanzen | 0,747 | | |
| Forschung und Entwicklung | | 0,875 | |
| Produktion | | 0,866 | |
| Marketing / Vertrieb | | 0,413 | 0,313 |
| Personalmanagement | | 0,375 | |
| Service / Kundendienst | | | 0,984 |

**Tabelle 3.9** Rotierte Komponentenmatrix III.
Extraktionsmethode: Hauptkomponentenanalyse mit 3 zu
extrahierende Faktoren. Rotationsmethode: Promax mit Kaiser-
Normalisierung. In 4 Iterationen konvergiert.
(Datenquelle: IMAD GmbH, 2005. Eigene Darstellung.)

Die oblique Rotation wird im Normalfall genutzt, wenn die Faktoren im Sinne latenter Variablen interpretiert werden sollen. Die Zuordnungen werden in diesem Fall jedoch gleich interpretiert, wie bei der orthogonalen Rotation.

Aus den neun Variablen nun also drei Faktoren entstanden, die die Datenmenge reduzieren: *Rationale Funktionen, Fertigung und Vermarktung, Service / Kundendienst* (Tabelle 3.10).

| Rationale Funktionen | Fertigung und Vermarktung | Service / Kundendienst |
|---|---|---|
| Einkauf / Beschaffung | Forschung und Entwicklung | Service / Kundendienst |
| Logistik | Produktion | |
| Controlling | Marketing / Vertrieb | |
| Finanzen | Personalmanagement | |

**Tabelle 3.10** Faktoren und Zuordnung der Variablen.

Zum Vergleich wurde anschließend zusätzlich eine Hauptachsenanalyse durchgeführt, die auch die Residual- und Fehlervarianz berücksichtigt. Damit könnten inhaltlich noch aussagekräftigere Faktoren gebildet werden. Allerdings ist das Ergebnis nach der Interpretation gleich dem Ergebnis der Hauptkomponentenanalyse. Die Kommunalitäten sind zudem kritisch. Es kann also keine inhaltliche Aussage zur Passung der Variablen gemacht werden und es ist keine weitere Konkretisierung der Faktoren möglich.

## 4. Fazit

Die Datenanalyse- und Interpretation zeigt, dass österreichischer KMU sich 2005 im Besonderen auf die Qualitätssicherung und die Kundenorientierung konzentrieren. Der Preiswettbewerb wird dabei jedoch auch nicht aus den Augen gelassen und als größte Herausforderung angesehen.

Das Personalwesen stellt zwar keine große Herausforderung im Wettbewerb dar, wird jedoch als wichtige unternehmensspezifische Kompetenz angesehen. Das Personalmanagement gehört zu einer der Managementkompetenzen, bei denen ein signifikanter Erfahrungsunterschied zwischen erfolgreichen und nicht erfolgreichen Unternehmen festgestellt wurde. Die Vermutung liegt nahe, dass Erfahrungen im Personalmanagement maßgeblichen Einfluss auf den Erfolg des Unternehmens haben.

Bezüglich der Erfahrung mit Managementkonzepten liegen in Österreich die Industrie, im speziellen die Chemie-Industrie sowie die Datenverarbeitung vorn. Sie scheinen damit im Wettbewerb besonders erfolgreich zu sein, denn sie weisen zusätzlich positive Gewinn-Entwicklungen auf. Die Erfahrung mit gewissen Managementkonzepten scheint somit einen großen Einfluss auf den Unternehmenserfolg zu haben. Darauf weisen auch die signifikanten Unterschiede zwischen erfolgreichen und nicht erfolgreichen Unternehmen hin.

Auch wenn aus statistischer Sicht keine Aussagen zur Kausalität gemacht werden können, hat die Anwendung der Managementkonzepte IT-Management, Prozessmanagement, Personalmanagement und Change Management vermutlich großen Einfluss auf den Unternehmenserfolg. Dies ist nicht verwunderlich, schließlich tragen diese Kompetenzen zur Lösungsfindung für die Wettbewerbsherausforderungen bei:

Mit Hilfe des IT-Management wird das Unternehmen moderner und schafft zum Beispiel effizientere, qualitativ hochwertige Produktionslösungen. In Verbindung mit Prozessmanagement können Arbeits- und Produktionsprozesse optimiert werden. Dies führt zur Kosten-, Zeit- und Qualitätsoptimierung und zahlt direkt auf die Herausforderungen Qualitätswettbewerb und Preiswettbewerb ein. Mit professionellem Personal- und Change Management lassen sich Veränderungen kontrolliert umsetzen und Mitarbeiter sind zufrieden und motiviert. Dies ermöglicht eine stetige professionelle Entwicklung des Unternehmens.

In Kapitel 2 wurde zudem darauf hingewiesen, wie wichtig die Innovationsfähigkeit für KMU ist. Die Analysen zeigen, dass dies 2005 noch kein Thema in den Unternehmen war. Einzig die Einschätzung der Wichtigkeit, Kundebedürfnisse schnell zu erkennen und in neue Produkte umzusetzen weist auf einen Trend zur Innovation hin. Die Befragung wurde 2005 durchgeführt, bevor 2009 auch in Österreich die Wirtschaftskrise bemerkbar wurde. Aus diesem Grund wurde nicht näher auf die Entwicklung der KMU während und nach der Krise eingegangen. Allerdings ist es ist möglich, dass sich die Ergebnisse bei einer erneuten Befragung ändern – zum einen aufgrund der überstandenen Wirtschaftskrise, zum anderen wegen veränderter Rahmenbedingungen in den letzten 10 Jahren. Vermutlich hat sich auch die Einstellung zur Innovationsfähigkeit in dieser Zeit verändert.

Zur Reliabilität der Befragung ist zu sagen, dass die interne Konsistenz der geprüften Items zwar akzeptabel ist, jedoch noch ausbaufähig ist. Auch die Stichprobengröße ist in Ordnung, lässt jedoch keine detaillierten Schlussfolgerungen über die einzelnen Branchen zu. Um beispielsweise die Aussagen zur Chemie-Industrie zu belegen, müsste eine eigene Umfrage in dieser Branche durchgeführt werden. Daher darf die in dieser Arbeit deutlich gewordene Vorreiterrolle der Chemie-Industrie nicht als valide angesehen werden.

Die Faktorenanalyse am Ende ist ausschließlich für die Datenreduktion zu gebrauchen. Sinnvoll wäre die Faktorenanalyse auch bei den Fragen zu Wettbewerbsrelevanten Herausforderungen oder zur Wettbewerbsfähigkeit aufgrund unternehmensspezifischer Kompetenzen. Hier ist ersichtlich, dass die Items unterschiedlichen Faktoren inhaltlich zugeordnet werden könnten. Interessant wäre zu sehen, ob dies auch statistisch nachzuvollziehen ist.

# 5. Literatur

**(1) Artikel und Bücher**

Gorsuch, R. L. (1983). *Factor analysis*. Hillsdale: Erlbaum.

Loenhart, R. (2004). *Lehrbuch Statistik: Einstieg und Vertiefung*. Bern: Huber.

Schneider, C., & Haushofer, C. (2015). *Wirtschaftskraft KMU 2015*. Wien: Wirtschaftskammer Österreich.

**(2) Internetquellen**

Schmiemann, M.: *Unternehmen nach Größenklassen - Überblick über KMU in der EU*. 2008. http://wko.at/Statistik/KMU/SBS_EU-Vergleich.pdf (05.05.2016).

Bornett, W.: *KMU in Österreich: Situation und Entwicklung der kleinen und mittleren Unternehmen (KMU) in Österreich*. 2008. http://www.forschungsnetzwerk.at/downloadpub/KMU_austria_folien_2008_KMU.pdf (05.05.2016)

(o. V.) Bank Austria / Economics & Market Analysis Austria, Marketing & Segments Business Clients & Agnes Streissler Wirtschaftspolitische Projektberatung: *Konkret: KMU und Innovation*. 2012. https://www.bankaustria.at/files/KMU-Studie.pdf (07.05.2016).

(o. V.) Statistik Austria: *Leistungs- und Strukturstatistik 2014*. 2015a. http://www.statistik.at/web_de/statistiken/wirtschaft/produktion_und_bauwesen/leistungs_und_strukturdaten/index.html (05.05.2016).

(o. V.) Statistik Austria: *Statistik zur Unternehmensdemografie 2007 bis 2013, Untergliederung nach Bundesländern*. 2015b. http://www.stat.at/web_de/statistiken/wirtschaft/unternehmen_arbeitsstaetten/unternehmensdemografie_ab_2015/103446.html (05.05.2016).

(o. V.) Statistik Austria: *Bevölkerung Österreichs seit 2008 nach Bundesländern*. (o. J.). http://www.statistik.at/web_de/statistiken/menschen_und_gesellschaft/bevoelkerung/volkszaehlungen_registerzaehlungen_abgestimmte_erwerbsstatistik/bevoelkerungsstand/078392.html (06.05.2016).

(o. V.) Wirtschaftskammer Österreich: *Leistungen unserer KMU*. 2016. https://www.wko.at/Content.Node/Interessenvertretung/KMU/Klein-_und_Mittelbetriebe_in_Oesterreich.html (05.05.2016).

**(3) Gesetzesquellen**

Europäische Kommission (2003). Empfehlung der Kommission vom 6. Mai 2003 betreffend die Definition der Kleinstunternehmen sowie der kleinen und mittleren Unternehmen, Europäische Kommission 2003.